Richa Srivastava

Gestão de resíduos e proteção do ambiente

Richa Srivastava

Gestão de resíduos e proteção do ambiente

ScienciaScripts

Imprint

Cover image: www.ingimage.com

This book is a translation from the original published under ISBN 978-620-7-99891-3.

Publisher:
Sciencia Scripts
is a trademark of
Dodo Books Indian Ocean Ltd. and OmniScriptum S.R.L publishing group

120 High Road, East Finchley, London, N2 9ED, United Kingdom
Str. Armeneasca 28/1, office 1, Chisinau MD-2012, Republic of Moldova, Europe
Printed at: see last page
ISBN: 978-620-8-12186-0

LISTA DE AUTORES

CorrespondenteZAutor principal:

Dr. Richa Srivastava

Co-autores:

1. Yashaswi Srivastava
2. Prateek Singh
3. Ishan Dwivedi
4. Deepanshi Singh
5. Kashish Yadav
6. Dr. Anuradha Sonker
7. Shubham Yadav
8. Ankit Baghel

Índice

CAPÍTULO 1 : Sistema automático de instalações hidráulicas

Yashaswi Srivastava[1] *, Deepanshi Singh*[1] *, Kashish Yadav*[1] *, Richa Srivastava*[2] ** e Anuradha Sonker*[1]

[1] Departamento de Eletrónica e Comunicação,

[2] Departamento de Ciências Aplicadas e Humanas

Instituto Universitário de Engenharia e Tecnologia,
Universidade Babasaheb Bhimrao
Ambedkar-226025, U.P., Lucknow, Índia.

* Autor correspondente Tel: (+91) 6307652144, 9415313393;
Email: richadolly@rediffmail.com

RESUMO

O sistema automático para plantas aquáticas é uma ideia de engenharia criativa para cultivar plantas de forma inteligente. Este sistema é útil para reduzir a rega manual. Uma vez que a terra cobre apenas 3% da água doce, também é útil na conservação da água. É uma óptima solução concebida para uma gestão eficiente dos recursos hídricos, como o paisagismo urbano, a agricultura e as aplicações industriais. O coração do sistema de plantas aquáticas automáticas é a sua infraestrutura sensorial. Este sistema inteligente inclui um sensor de humidade do solo que será colocado no solo. O presente documento trata da montagem detalhada do dispositivo, do princípio e do funcionamento do sensor de humidade do solo. Este sistema não só poupa água como também ajuda no rendimento das colheitas, reduz os custos de funcionamento e também reduz o trabalho manual. Esta ideia tecnológica e ecológica inteligente torna-a uma solução futura para os desafios da manutenção de equipamento moderno.

Palavras-chave: Solo, humidade, água, sensor, planta

1. INTRODUÇÃO

No mundo atual, onde o tempo é precioso e os recursos são limitados, a necessidade de soluções eficientes e automatizadas está em constante crescimento. A agricultura é a espinha dorsal da economia global e fornece o sustento a uma população em crescimento. Tem uma série de problemas, incluindo a escassez de água, as alterações climáticas e a crescente procura de alimentos. Os sistemas automáticos de rega oferecem uma solução para as crescentes exigências de conservação da água e de rega eficiente das plantas. Estes sistemas utilizam sensores e controladores para monitorizar e ajustar automaticamente a quantidade de água fornecida às plantas, assegurando que recebem a quantidade eficaz de humidade para um crescimento saudável das plantas. (V.Tiwari et al., maio - 2017) Estes sistemas estão a emergir como uma ferramenta valiosa para os agricultores e jardineiros domésticos, oferecendo uma série de benefícios que podem melhorar a saúde das plantas, conservar a água e melhorar a utilização dos recursos. Este sistema utiliza um sensor de humidade do solo que detecta o teor de humidade do solo da planta. O sinal elétrico é obtido a partir de um sensor que está ligado a um microcontrolador através do qual a bomba de água é controlada. Liga/desliga o interrutor com base no nível de humidade da planta. Esta investigação tem como objetivo investigar a eficácia de um sistema automático de plantas aquáticas para melhorar a eficiência da água, o rendimento das culturas e a produtividade do trabalho na produção agrícola. Esta investigação contribuirá para o desenvolvimento e a adoção desta tecnologia promissora, conduzindo, em última análise, a um sector agrícola mais sustentável e produtivo. (G.Su et al., 2021) Os objectivos do sistema são os seguintes :-

1. O principal objetivo deste projeto é gerir um sistema de rega inteligente. Este sistema também pode melhorar os métodos existentes de sistemas de irrigação automática, introduzindo um novo sistema matricial e reduzindo assim o trabalho e também a quantidade total de necessidades para todo o procedimento. (Dr. J.H Hussain et al., 2018)

2. Explorar a integração de tecnologias avançadas para a agricultura de precisão. Avaliar a eficácia de diferentes abordagens de irrigação automatizada e compará-las com os métodos tradicionais. Este sistema contribui para o desenvolvimento de conhecimentos no domínio da automatização da agricultura e da gestão da água.

2. METODOLOGIA

O sistema de controlo de rega inteligente para a irrigação de plantas é implementado para detetar a humidade e a temperatura do solo. O sensor está ligado a um microcontrolador que é responsável por regular a água com a quantidade exacta de água necessária para a planta. Desliga a bomba de água quando a humidade do solo desejada é atingida. O teor de humidade de referência do solo foi universal para três tipos de solo (arenoso, argiloso e argiloso).

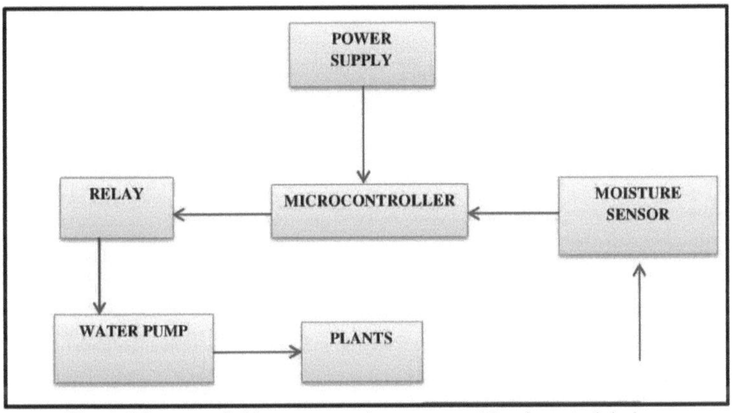

Fig. 1: Diagrama de blocos para o sistema automático da central de água

Os sensores de humidade e os sensores de temperatura foram fabricados com sondas feitas de material resistente à corrosão que podem ser inseridas na amostra de solo, o que resultará no nível de humidade do solo. (N. Venkatesh et al., 2023). A automatização é conduzida por algoritmos que consideram factores como a humidade do solo, as condições meteorológicas e o tipo de cultura para otimizar a utilização da água. O diagrama de blocos do sistema de controlo de rega inteligente para instalações de rega é apresentado na Figura 1.

3. COMPONENTES UTILIZADOS PARA A IMPLEMENTAÇÃO DO SISTEMA

Os componentes necessários do sistema são: -

3.1 Placa Arduino Uno

3.2 Sensor de humidade do solo

3.3 Bomba de água

3.4 Módulo de relé

3.1 Placa Arduino Uno :-

O Arduino é uma plataforma eletrónica de código aberto que é gratuita, flexível e fácil de utilizar, com hardware e software para criadores e programadores. Esta plataforma permite-nos criar diferentes tipos de microcomputadores de placa única para que a comunidade de programadores possa fornecer diferentes tipos de aplicações. A placa de desenvolvimento Arduino é constituída por muitos componentes que, em conjunto, a fazem funcionar. Aqui estão alguns dos principais blocos de componentes que ajudam no seu funcionamento:

- **Microcontrolador**: Este é o coração da placa de desenvolvimento, que funciona como um minicomputador e pode receber e enviar informações ou comandos para os dispositivos periféricos que lhe estão ligados. O microcontrolador utilizado difere de placa para placa e tem também as suas próprias especificações.
- **Fonte de alimentação externa:** Esta fonte de alimentação é utilizada para alimentar a placa de desenvolvimento Arduino com uma tensão regulada que varia entre 9 e 12 volts.
- **Ficha USB:** Esta ficha é uma porta muito importante nesta placa. É utilizada para carregar (gravar) um programa no microcontrolador utilizando um cabo USB. Tem também uma potência regulada de 5V que também alimenta a placa Arduino nos casos em que a fonte de alimentação externa está ausente.
- **Programador interno:** O código de software desenvolvido pode ser carregado no microcontrolador através da porta USB, sem um programador externo.
- **Botão de reinicialização**: Este botão está presente na placa e pode ser utilizado para reiniciar o microcontrolador Arduino.
- **Pinos analógicos:** Existem alguns pinos de entrada analógica que vão de A0 a A7 (típico).

Estes pinos são utilizados para a entrada/saída analógica. O número de pinos analógicos também varia de placa para placa.

- **Pinos de E/S digitais:** Existem também alguns pinos de entrada digital que variam de 2 a 16 (típico). Estes pinos são utilizados para a entrada/saída digital. O número destes pinos digitais também varia de placa para placa.
- **Pinos de alimentação e GND:** Existem pinos na placa de desenvolvimento que fornecem 3,3, 5 volts e terra através deles. (Leo Louis et al., 2016)

Neste projeto, utilizámos uma placa de microcontrolador baseada no ATmega328p. Contém 14 pinos de entrada/saída digitais, dos quais 6 são saídas PWM e 6 analógicas. Também tem um ressonador cerâmico de 16 MHz.

3.2 Sensor de humidade do solo

É a parte principal do sistema. É o tensiómetro que mede a tensão presente entre as partículas do solo e as moléculas de água. O sensor de humidade do solo utiliza a capacitância para calcular a permissividade dieléctrica do ambiente circundante, que é uma função do teor de água do solo. Este sensor gera uma tensão proporcional à permissividade dieléctrica que resulta no teor de água do solo. A constante dieléctrica do solo determina a impedância da sonda, pelo que a alteração da tensão na linha de transmissão reflecte diretamente a alteração da humidade no solo. (Este sensor não utiliza diretamente o teor de água do solo. Por conseguinte, mede a alteração da propriedade do solo relacionada com o teor de água.

O comparador integrado LM393 é utilizado como comparador de tensão neste modelo de sensor de humidade. O pino 2 do LM393 está ligado à predefinição (pote de 10KΩ) e o pino 3 está ligado ao pino do sensor de humidade. O CI comparador irá comparar a tensão de arranque utilizando a polarização (pino 2) e o pino do sensor (pino 3). Mede o conteúdo volumétrico de água no interior do solo e dá-nos o nível de humidade como saída. (Ankita K. Kadam et al., 2021)

Existe um método alternativo para calcular o teor de humidade presente no solo

Medição da humidade do solo pelo método gravimétrico:

% de humidade do solo seco

$$(\mathrm{Wd}) = \frac{(\mathrm{M1} - M2)}{(M2 - M)} * 100$$

% de humidade do solo Teor de humidade do solo húmido

$$(\mathrm{Wm}) = \frac{(M1 - M2)}{(M1 - M)} * 100$$

Onde,

M = Massa do contentor sem terra

Ml = Massa do recipiente + terra húmida

M2 = Massa do recipiente + terra seca

- Para converter de Wd para Wm

$$Wm = \frac{Wd}{(100 + Wd)} * 100$$

- Para converter de Wm para Wd

$$Wd = \frac{Wm}{(100 - Wm)} * 100$$

3.5 Bomba de água :-

É um motor de 12V dc utilizado neste sistema. O principal objetivo é controlar o fluxo de água para as plantas de modo a que o nível de água necessário esteja disponível para as plantas de acordo com o teor de humidade presente no solo.

Ao ativar o circuito de acionamento do motor para ler e ajustar os valores utilizando o microcontrolador na placa Arduino, a bomba liga-se e desliga-se automaticamente em função do nível da planta. O critério para a seleção da bomba do sistema é o baixo custo para garantir a acessibilidade por parte das pequenas explorações agrícolas. Nos países desenvolvidos, as bombas de diafragma são utilizadas para o abastecimento de água às comunidades. O motor da bomba é um motor DC

Íman permanente. (M. Moghavvemi et al., 2018)

3.6 Módulo de relé :-

É um interrutor elétrico utilizado para gerir as cargas de corrente mais elevadas do microcontrolador. Um circuito elétrico fica aberto ou fechado quando o eletroíman é ativado. Os relés podem funcionar mecanicamente, o que se designa por relé eletromagnético, e alguns são relés de estado sólido. Sempre que é necessário controlar um dispositivo ou circuito através de um sinal de pequena potência, são implementados relés, que também fornecem isolamento elétrico entre o circuito de deteção e os circuitos de acionamento, ou quando vários circuitos devem ser controlados por um sinal.

- Normalmente aberto (NO) - está normalmente aberto até que um sinal elétrico seja fornecido ao pino de sinal do módulo de relé.
- Contacto comum (C) - é utilizado para ligar as cargas utilizando o módulo.
- Normalmente fechado (NC) - é ligado ao pino COM para formar um circuito fechado. Torna-se aberto quando o relé recebe um sinal elétrico no pino de sinal do microcontrolador.
- Pino de sinal - utilizado para acionar um relé que normalmente funciona com um sinal alto ativo que é responsável por amplificar a bobina do relé para fazer uma ligação ao terminal comum com um terminal normalmente aberto.
- Vcc - fornece 5V DC de alimentação a este pino.
- GND - está ligado ao terminal de terra da fonte de alimentação.

A imagem do modelo experimental do sistema de controlo de rega inteligente para plantas de rega é apresentada na Figura 2.

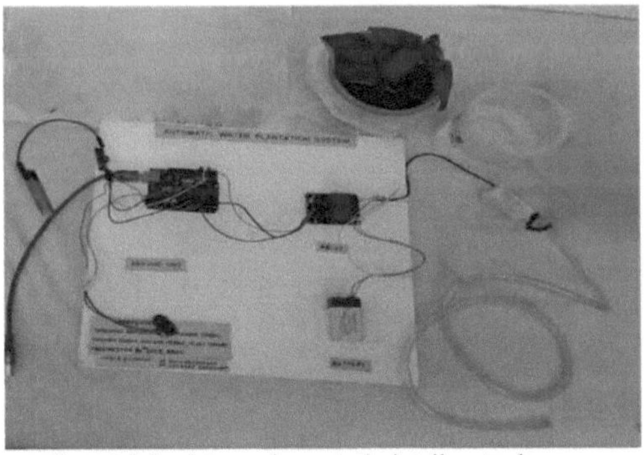

Fig. 2: Modelo experimental do sistema de controlo inteligente da rega para plantas de rega.

4. CARACTERÍSTICAS DO SISTEMA DE CONTROLO DE REGA INTELIGENTE: As caraterísticas importantes do sistema de controlo de rega inteligente são apresentadas a seguir:

4.1 Maior eficiência:

O Sistema Inteligente de Controlo da Rega para a Irrigação de Plantas assegura o teor de água necessário para abastecer as plantas, evitando erros humanos e a rega excessiva. O resultado é um crescimento ótimo, um desperdício de água reduzido e uma utilização eficiente dos recursos.

4.2 Poupança de tempo:

Os sistemas automatizados eliminam a necessidade de planeamento e monitorização manuais, libertando tempo para outras tarefas.

4.3. Melhoria da saúde das plantas:

Uma rega consistente e controlada promove um crescimento mais saudável das plantas. Os sistemas automatizados ajudam a manter um ambiente ótimo para as plantas, o que pode levar a melhores rendimentos em ambientes agrícolas ou a jardins mais animados.

4.4. Impacto ambiental:

B o reduzir o desperdício de água e promover uma utilização eficiente da água, os sistemas automatizados de plantas aquáticas contribuem para a sustentabilidade ambiental, em linha com os esforços de conservação e gestão responsável da água.

4.5. Melhoria da recolha e análise de dados:

Os sistemas automatizados podem recolher dados valiosos sobre a utilização da água, as condições do solo e a saúde das plantas. Estes dados podem ser analisados para otimizar ainda mais a gestão da água e melhorar os cuidados com as plantas. (A.K Shukla et al., 2011)

5. RESULTADOS E DISCUSSÃO

No geral, o Sistema de Controlo de Rega Inteligente para a Rega de Plantas dependerá de vários factores, como o consumo de água, os custos de mão de obra, a utilização de fertilizantes e o crescimento das plantas. Ao calcular estes factores, é possível aproximar as poupanças do sistema e determinar se é um sistema rentável para o jardineiro ou agricultor. Foi efectuado um teste para diferentes amostras do conteúdo do solo. A percentagem de humidade do solo seco e do solo húmido foi calculada *com a ajuda do método gravimétrico.* O quadro 1 abaixo mostra o registo do nível de humidade (%) de diferentes amostras de solo:

S.NO.	CONTAINER MASS (M) in grams	CONTAINER + MOIST SOIL (M1) in grams	CONTAINER + DRY SOIL (M2) in grams	W_d (%)	W_m (%)
1.	50	150	115	53.85	35
2.	60	160	128	47	32
3.	70	170	141	40.85	29

Tabela 1 - Teor **de humidade** (%) de diferentes amostras de solos

O desvio padrão (S.D.) do solo seco é de 3, calculado pela fórmula abaixo:

$$S.D. = \sqrt{\frac{\sum_{i=1}^{n}(xi - xm)^2}{(n-1)}}$$

Onde,

xi = medições individuais

xm = média das medições

n = número total de medições

1. **Calcular a média**

$$xm = \frac{65 + 68 + 71}{3} = 68$$

2. **Calcular as diferenças quadráticas entre cada medição e a média**

$$x1 = (65 - 68)^2 = 9$$

$$x2 = (68 - 68)^2 = 0$$

$$x3 = (71 - 68)^2 = 9$$

3. **Soma das diferenças ao quadrado**

$$9 + 0 + 9 = 18$$

4. **Dividir por (n-1)**

$$\frac{18}{(3-1)} = 9$$

5. Tirar a raiz quadrada

$$S.D. = \sqrt{9} = 3$$

Para as diferentes condições do solo, foi efectuado o teste de desempenho do sistema. De acordo com o teor de humidade presente no solo para as respectivas condições, a bomba de água é ligada ou desligada, respetivamente. A Tabela -2 abaixo mostra o desempenho de teste do sistema para diferentes tipos de solo.

S.NO.	SOIL TYPE	SOIL MOISTURE CONTENT (%)	WATER PUMP (ON/OFF)
1.	Dry	36	ON
2.	Partially Wet	61	ON
3.	Wet	97	OFF

Tabela 2- Desempenho dos ensaios de diferentes tipos de solos

6. CONCLUSÃO

O sistema de controlo de rega inteligente para irrigação de plantas tem a perspetiva de revolucionar a forma de cultivo das plantas e ajuda a manter o nível de humidade. O sensor de humidade aqui apresentado mostra o nível de humidade dos solos. Rega as plantas até à primeira base quando a humidade desce e continua até atingir o nível limite. Ao oferecer uma maior eficiência hídrica, resulta em melhores colheitas e menores custos de mão de obra. O sistema inteligente de controlo da rega das plantas pode ajudar a garantir a sustentabilidade e a rentabilidade da agricultura face aos desafios crescentes.

7. ÂMBITO DE APLICAÇÃO FUTURA

O domínio do sistema automático para plantas aquáticas (sistema inteligente de controlo da rega para irrigação de plantas) está a desenvolver-se rapidamente. As tendências futuras incluem:

7.1 **Desenvolvimento de sensores e controladores mais sofisticados:** Isto permitirá uma irrigação mais exacta e eficiente.

7.2 **Maior utilização da inteligência artificial e da aprendizagem automática:** Isto permitirá que os sistemas aprendam e se adaptem à evolução das condições.

7.3 **Integração com outras tecnologias domésticas inteligentes**: Isto permitirá aos utilizadores monitorizar e controlar remotamente os seus sistemas de irrigação. (Sunil K. et al., 2016.)

REFERÊNCIA

A.K Shukla, 2011," Microcontroller based Automatic Irrigation System with Moisture Sensors", International Research journal of Science and Engineering, pp. 94-96

Ankita K. Kadam, 2021, "Sistema de irrigação automática na deteção da umidade do solo", Revista Internacional de Publicação de Pesquisa e Revisões Vol (2) Edição (8) (2021) Página 714720

Dr. J.H Hussain, 2018, "Conceção e Implementação do Sistema Automático de Irrigação de PlantasMnternational Journal of Research Publication and Reviews, Vol 4, no 4, pp 51455149,

G.Su, 2021, "Review of research progress on soil moisture sensor technology" Int J Agric & Biol Eng; 14(4):32-42.

Leo Louis, 2016, "O PRINCÍPIO DE TRABALHO DO ARDUINO E A SUA UTILIZAÇÃO COMO FERRAMENTA DE ESTUDO E INVESTIGAÇÃO", International Journal of Control, Automation, Communication and Systems (IJCACS), Vol.1, No.2

Lu Wang, 2018, "Investigação e aplicação de um novo sensor de humidade do solo", MATEC Web of Conference 175, 02010 IFCAE-IOT

M . Moghavvemi,2018, "Projeto de um sistema de bomba de água DC alimentado por PV para irrigação: um estudo de caso", IEEE 978-1-5386-2910-9/18/$31.00

N . Venkatesh, 2023, " Design and Fabrication of Automatic Watering System" International Journal of Pure and Applied Mathematics, Volume 118 No. 18 2018, 741-746, ISSN: 13118080 (versão impressa); ISSN: 1314-3395 (versão em linha)

Smita Prajapati, 2019, "IoT Based Relay Operation", Revista Internacional de Engenharia e Tecnologia Avançada (IJEAT) ISSN: 2249-8958 (Online), Volume-9 Issue-1

Sunil K. 2016 Sistema automatizado de rega de plantas. 180-182.doi:10.1109/ICCPEIC.2016.7557245

V.Tiwari, 2017, "Microcontroller Based Automatic Plant Irrigation System" publicado na Revista Internacional de Investigação em Engenharia e Tecnologia (IRJET). Volume: 04 Edição:05

CAPÍTULO 2 : Desafios da gestão e reciclagem de resíduos electrónicos: Uma análise

*Prateek Singh[1] , Richa Srivastava[2] * e, Anuradha Sonker[1]*

[1] Departamento de Eletrónica e Comunicação,

[2] Departamento de Ciências Aplicadas e Humanas Instituto Universitário de Engenharia e Tecnologia, Babasaheb Bhimrao Ambedkar University-226025, U.P., Lucknow, Índia.

* Autor correspondente Tel: (+91) 6307652144, 9415313393;
Correio eletrónico: richadolly@rediffmail.com

RESUMO

A questão dos resíduos electrónicos é um problema em rápido crescimento. A eliminação inadequada dos resíduos electrónicos pode ter consequências, tanto para o ambiente como para a saúde humana, devido à presença de materiais perigosos como o chumbo, o mercúrio e o cádmio. Para fazer face a este desafio, a reciclagem e os métodos de eliminação correta dos dispositivos são cruciais. O presente documento sublinha a importância da implementação de medidas e regulamentos internacionais que regem a recolha, a reciclagem e a eliminação segura de resíduos. Estes regulamentos visam minimizar os impactos na saúde associados aos resíduos electrónicos. Além disso, a análise examina as tecnologias de ponta e as práticas sustentáveis que surgiram para melhorar a eficiência e a eficácia dos processos de reciclagem de resíduos electrónicos. Por exemplo, foram desenvolvidas novas tecnologias para extrair materiais dos resíduos electrónicos, como metais e elementos de terras raras. Esta análise oferece uma panorâmica dos aspectos envolvidos na reciclagem de resíduos electrónicos e na garantia de uma eliminação responsável dos dispositivos electrónicos. Salienta a importância da aplicação de estratégias, de quadros regulamentares e de avanços tecnológicos para resolver eficazmente esta questão premente.

Palavras-chave: Resíduos electrónicos, ambiente, saúde, reciclagem, reutilização, tecnologia, regulamentação.

1. INTRODUÇÃO

A proliferação de resíduos electrónicos (e-waste) representa uma preocupação global cada vez maior, impulsionada principalmente pela rápida evolução e subsequente eliminação de dispositivos electrónicos, especialmente para um país em crescimento como a Índia, que se está a tornar um centro global para o mercado eletrónico (Awasthi et al., 2018). De acordo com as Nações Unidas, o mundo gerou 53,6 milhões de toneladas métricas de resíduos eletrónicos em 2019, prevendo-se que este valor atinja 74,7 milhões de toneladas métricas até 2030. Este fenómeno é exacerbado pelas frequentes atualizações dos consumidores e pelo tempo de vida relativamente curto dos aparelhos eletrónicos. A questão crítica reside nos constituintes perigosos presentes nestes dispositivos, como o chumbo, o mercúrio, o cádmio e vários outros materiais tóxicos, mesmo os metais mais comuns utilizados nestes dispositivos, quando agrupados em grandes quantidades, causam toxicidade no ambiente circundante. Estes elementos representam riscos muito significativos para o ambiente e a saúde, exigindo uma atenção imediata para reduzir o seu impacto. Além disso, o manuseamento incorreto dos resíduos electrónicos, como se pode ver nas Figuras 1 e 2, constitui um sério desafio nos países em desenvolvimento, onde os métodos informais de reciclagem conduzem frequentemente a riscos para a saúde dos trabalhadores e à contaminação do ambiente. (Jaiswal et al., 2015)

Fig. 1 Resíduos electrónicos

2. IMPACTOS DA ELIMINAÇÃO INCORRECTA DOS RESÍDUOS ELECTRÓNICOS NO AMBIENTE E NA SAÚDE

Element	Health Effects	Environmental Effects
Lead	Neurological damage, kidney damage, developmental issues	Soil contamination, water pollution
Mercury	Brain damage, kidney damage, respiratory issues	Water pollution, harm to aquatic life
Cadmium	Kidney damage, lung damage, bone damage	Soil contamination, water pollution
Chromium	Lung cancer, respiratory issues, skin irritation	Soil contamination, water pollution
Brominated flame retardants	Thyroid disruption, reproductive issues	Bioaccumulation in wildlife, soil contamination
Polyvinyl chloride (PVC)	Respiratory issues, liver damage	Toxic emissions during manufacturing, air pollution
Arsenic	Skin lesions, cardiovascular issues, cancer risk	Soil contamination, water pollution
Beryllium	Lung cancer, skin irritation, respiratory issues	Soil contamination, water pollution
Barium	Respiratory issues, gastrointestinal issues	Soil contamination, water pollution
Bismuth	Gastrointestinal issues, skin irritation	Soil contamination, water pollution

O manuseamento e a eliminação inadequados dos resíduos electrónicos que contêm componentes perigosos contribuem substancialmente para a degradação do ambiente. Um dos maiores desafios na reciclagem e eliminação dos resíduos electrónicos é a necessidade de uma maior sensibilização do público em geral para a eliminação adequada dos dispositivos electrónicos.

O quadro acima mostra os elementos perigosos e os seus efeitos na saúde e no ambiente (OMS 2021). Muitas pessoas continuam a deitar fora os seus aparelhos electrónicos velhos em caixotes do lixo normais. As substâncias tóxicas lixiviam-se da eletrónica descartada e contaminam o solo, as massas de água e até o ar (Sahajwalla et al., 2018). Esta contaminação põe em perigo os ecossistemas naturais, perturbando a biodiversidade e pondo em risco a flora e a fauna. As substâncias tóxicas presentes nos resíduos electrónicos, que se infiltram nas águas subterrâneas, afectam as fontes de água potável e representam graves riscos para a saúde das comunidades que vivem nas proximidades. Além disso, a incineração de resíduos electrónicos liberta substâncias químicas nocivas para a atmosfera, piorando a qualidade do ar e agravando os problemas de saúde. Os riscos para a saúde humana associados à exposição prolongada a estas toxinas incluem doenças respiratórias, distúrbios neurológicos, problemas de desenvolvimento nas crianças e até riscos acrescidos de contrair certos tipos de cancro (Debnath et al., 2016). O quadro 1 apresenta os elementos perigosos e os seus efeitos na saúde e no ambiente (OMS 2021).

3. IMPORTÂNCIA DOS REGULAMENTOS E DAS MEDIDAS INTERNACIONAIS

Os regulamentos e as medidas internacionais desempenham um papel significativo na resolução da crise dos resíduos electrónicos. Ajudam a estabelecer um quadro para uma gestão responsável dos resíduos electrónicos e garantem que estes são eliminados e reciclados de forma segura e sustentável.

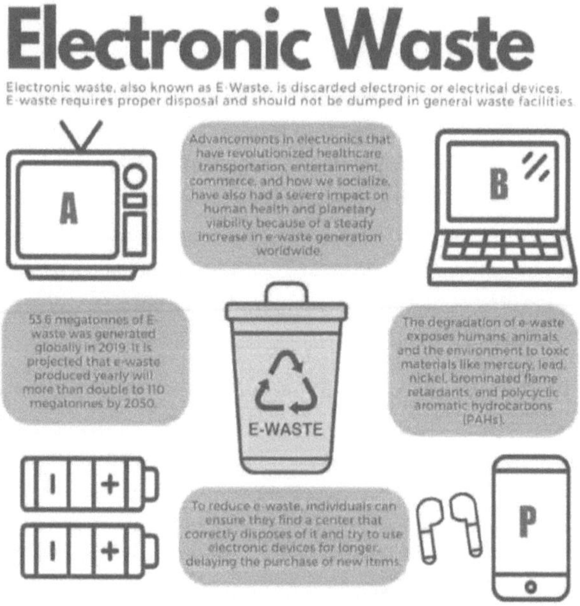

Fig. 2 Resíduos electrónicos e seu impacto (Samantha Serrano et al., 2022)

Um dos regulamentos mais importantes que regem os resíduos electrónicos é a Convenção de Basileia sobre o Controlo dos Movimentos Transfronteiriços de Resíduos Perigosos e sua Eliminação. Este tratado internacional regula o movimento transfronteiriço de resíduos perigosos, incluindo os resíduos electrónicos. O seu objetivo é evitar o despejo de resíduos perigosos nos países em desenvolvimento e promover a gestão ambientalmente correta desses resíduos (Robinson et al., 2009).

Além disso, muitos países estabeleceram os seus regulamentos e políticas para reger a gestão dos resíduos electrónicos. Por exemplo, a União Europeia implementou a Diretiva relativa aos resíduos de equipamentos eléctricos e electrónicos (REEE), que exige que os Estados-Membros estabeleçam programas de recolha e reciclagem de resíduos electrónicos. Do mesmo modo, nos Estados Unidos, a Lei de Conservação e Recuperação de Recursos (RCRA) rege a gestão de resíduos perigosos, incluindo os resíduos electrónicos (Diretiva do Parlamento Europeu e do Conselho de 2012).

Na Índia, o governo implementou regulamentos para resolver o problema crescente dos resíduos electrónicos. As regras relativas aos resíduos electrónicos (gestão), de 2016, determinam que os produtores, os comerciantes e os vendedores de produtos electrónicos são responsáveis pela recolha e eliminação dos resíduos electrónicos gerados pelos seus produtos. As regras também exigem que os fabricantes sigam práticas de gestão ambientalmente corretas na eliminação dos resíduos electrónicos e criem centros de recolha para os mesmos.

Além disso, a Índia também proibiu a importação de resíduos electrónicos de outros países para evitar o despejo de resíduos perigosos no país. Estes regulamentos visam promover padrões de produção e consumo sustentáveis, reduzir a poluição ambiental e criar oportunidades de emprego no sector da gestão dos resíduos electrónicos (The E-Waste (Management) Rules, 2016).

Estes regulamentos e políticas têm sido fundamentais para promover práticas responsáveis de gestão dos resíduos electrónicos e reduzir os impactos ambientais e sanitários dos resíduos electrónicos. Também incentivaram os fabricantes a conceber produtos tendo em mente a reciclagem e a assumir a responsabilidade pela eliminação em fim de vida dos seus produtos (PNUA e ONUDI, 2018). Além disso, a colaboração e a cooperação internacionais são essenciais para enfrentar a crise dos resíduos electrónicos. Tal inclui a partilha de conhecimentos e de boas práticas, o estabelecimento de normas globais para a gestão dos resíduos electrónicos e a promoção do desenvolvimento sustentável. Vamos dar as mãos e tecer um futuro de abundância para o nosso planeta, uma herança próspera para as gerações vindouras. A Fig. 3 mostra a reciclagem e a reutilização de resíduos electrónicos.

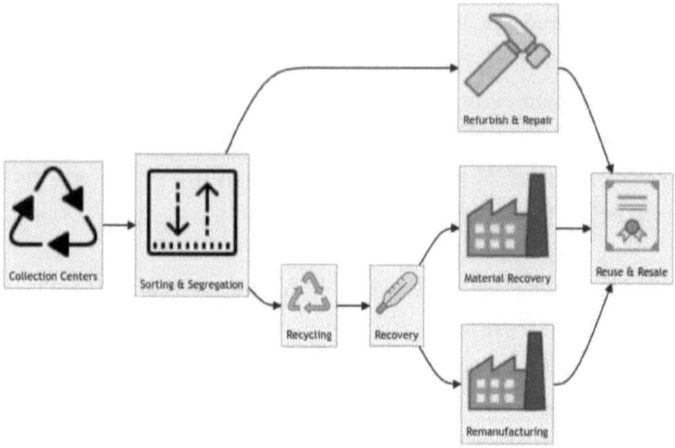

Fig. 3 Resíduos electrónicos: Reciclagem e reutilização

4. PRÁTICAS ACTUAIS DE RECICLAGEM E ELIMINAÇÃO DE RESÍDUOS ELECTRÓNICOS

Para além dos desafios de infraestrutura e normalização, a enorme variedade de materiais nos dispositivos electrónicos complica os processos de reciclagem. Estão em curso esforços para desenvolver tecnologias avançadas de triagem e desmontagem capazes de lidar eficazmente com diversos componentes electrónicos.

Além disso, os projectos-piloto e as iniciativas que exploram modelos de negócio inovadores, como o aluguer de dispositivos electrónicos ou a aplicação de abordagens do tipo "produto como serviço", visam reduzir a produção de resíduos electrónicos, promovendo a reutilização e a reciclagem (Jaiswal et al., 2015), (Rode et al., 2016).

Os governos de todo o mundo estão a implementar regulamentos para garantir que os resíduos electrónicos são eliminados de forma adequada e segura. Isto inclui o estabelecimento de normas e certificações para a reciclagem de resíduos electrónicos, bem como a aplicação de sanções em caso de incumprimento. Além disso, muitos países introduziram regimes de responsabilidade alargada do produtor, que responsabilizam os fabricantes pela eliminação dos seus produtos no final do seu ciclo de vida. Foram também lançadas várias campanhas de sensibilização do público para educar as pessoas sobre a importância da eliminação adequada dos resíduos electrónicos (Hanafi et al., 2011). A Fig.4 mostra o gráfico da percentagem de reciclagem e eliminação de resíduos electrónicos.

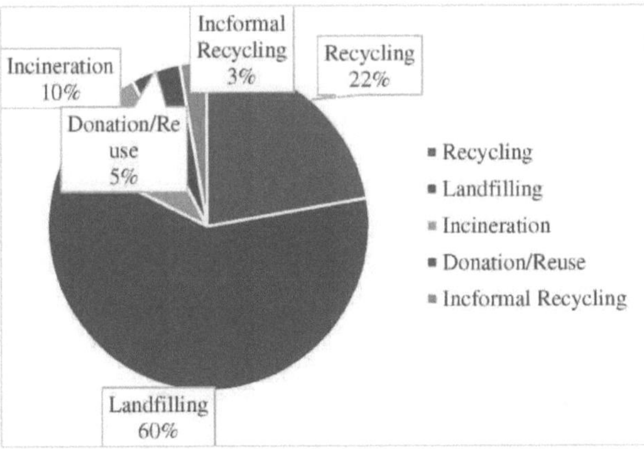

Fig.4 Práticas de reciclagem e eliminação de resíduos electrónicos

5. AVANÇOS TECNOLÓGICOS NA RECICLAGEM DE RESÍDUOS ELECTRÓNICOS

Os avanços na inteligência artificial e na robótica são promissores na automatização e otimização dos processos de reciclagem de resíduos electrónicos. Estas tecnologias permitem uma identificação e separação precisas dos materiais, aumentando a eficiência das operações de reciclagem. Além disso, os avanços nas técnicas de "mineração urbana", que extraem metais valiosos das reservas de resíduos electrónicos, oferecem uma alternativa sustentável às práticas mineiras tradicionais, reduzindo o impacto ambiental e conservando os recursos (Debnath et al., 2016).

Os avanços tecnológicos na reciclagem de resíduos electrónicos têm sido significativos nos últimos anos. Um desenvolvimento promissor é a utilização da robótica e da inteligência artificial para classificar e desmontar componentes electrónicos de forma eficiente. Esta tecnologia é capaz de identificar e separar diferentes materiais, tornando o processo de reciclagem mais rápido e preciso. Além disso, os avanços nos processos químicos e biológicos estão a permitir a recuperação de metais e materiais valiosos dos resíduos electrónicos. Estes processos são amigos do ambiente, minimizam os resíduos perigosos e reduzem a necessidade de extração de novos recursos. Além disso, espera-se que o desenvolvimento de novas técnicas de reciclagem, como a pirólise e a hidrometalurgia, aumente a eficiência e a eficácia da reciclagem de resíduos electrónicos. Com um investimento contínuo em investigação e desenvolvimento, estes avanços tecnológicos oferecem soluções promissoras para os desafios da gestão dos resíduos electrónicos (Khanna et al., 2014).

6. ESTRATÉGIAS PARA UMA GESTÃO E APLICAÇÃO EFICAZES

A gestão dos resíduos electrónicos exige uma mudança no comportamento dos consumidores no sentido de práticas de eliminação responsáveis e uma maior participação em programas de recolha e reciclagem. A incorporação de incentivos financeiros ou de sistemas de depósito-reembolso para a devolução de aparelhos electrónicos antigos poderia incentivar os consumidores a reciclar em vez de os deitar fora.

Além disso, a promoção de parcerias entre os sectores público e privado pode estimular os investimentos em infra-estruturas de reciclagem de resíduos electrónicos, promovendo a criação de emprego e o crescimento económico sustentável. A gestão e implementação eficazes de programas de reciclagem de resíduos electrónicos exigem uma abordagem abrangente e coordenada que envolva várias partes interessadas. Algumas das principais estratégias para o conseguir são

- ***Quadros políticos e regulamentares:*** Os governos podem estabelecer políticas e regulamentos que promovam a eliminação e a reciclagem responsáveis dos resíduos electrónicos. Estes enquadramentos podem também incentivar os fabricantes a conceberem produtos mais fáceis de reciclar e de eliminar.
- ***Campanhas de sensibilização do público:*** As campanhas de sensibilização podem informar o público sobre os perigos da eliminação incorrecta de resíduos electrónicos e promover práticas de reciclagem responsáveis. Isto pode incluir educação sobre como reciclar dispositivos electrónicos, onde os levar para reciclagem e os benefícios da reciclagem.
- ***Responsabilidade alargada do produtor:*** Os fabricantes podem ser responsabilizados pela recolha, tratamento e reciclagem dos seus produtos no final do seu ciclo de vida. Esta abordagem incentiva os fabricantes a conceberem os produtos tendo em conta a reciclagem e a assumirem a responsabilidade pelo impacto ambiental dos seus produtos.
- ***Colaboração e parcerias:*** A colaboração entre várias partes interessadas, incluindo governos, fabricantes, operadores de reciclagem e consumidores, pode ajudar a criar um sistema de reciclagem de resíduos electrónicos mais eficiente e eficaz. As parcerias podem facilitar o intercâmbio de conhecimentos, recursos e competências, conduzindo a melhores resultados.
- ***Investimento em investigação e desenvolvimento:*** O investimento contínuo em investigação e desenvolvimento pode levar ao desenvolvimento de tecnologias de reciclagem novas e inovadoras que sejam mais eficientes, rentáveis e respeitadoras do ambiente.

Ao adotar estas estratégias, é possível desenvolver um sistema sustentável de gestão de resíduos electrónicos que minimize o impacto ambiental dos resíduos electrónicos, promovendo simultaneamente o crescimento económico e o desenvolvimento social (Rajesh et al., 2021).

7. CONCLUSÃO

O desafio dos resíduos electrónicos exige uma solução global, que não se limite apenas ao progresso tecnológico. É essencial uma estratégia multifacetada que englobe todo o ciclo de vida dos dispositivos electrónicos. Isto implica a integração de princípios de conceção ecológica na criação de produtos, dando prioridade à reciclabilidade e à capacidade de reparação. Modelos de negócio inovadores, como o aluguer e a renovação de produtos electrónicos, promovem uma economia circular, reduzindo a produção de resíduos. As acções dos consumidores têm um impacto significativo na gestão dos resíduos electrónicos. A escolha de produtos concebidos para serem facilmente reciclados e reparados, a eliminação responsável de produtos electrónicos e o apoio a empresas sustentáveis desempenham um papel fundamental. A capacitação dos consumidores através de escolhas informadas promove uma cultura de sustentabilidade e de gestão responsável dos resíduos electrónicos. A sensibilização do público é fundamental para uma gestão eficaz dos resíduos electrónicos. Os governos e as organizações podem colaborar para educar as comunidades sobre os perigos dos resíduos electrónicos e os métodos de eliminação responsável. Iniciativas como campanhas de recolha de resíduos electrónicos, práticas de reciclagem normalizadas e apoio a programas de sustentabilidade liderados pela comunidade aumentam o envolvimento do público. A cooperação global é fundamental para enfrentar a crise do lixo eletrónico. Os acordos internacionais, como a Convenção de Basileia, fornecem uma estrutura para lidar com os resíduos electrónicos a nível global. Só através de esforços unificados poderemos assegurar um futuro sustentável, livre de ameaças à saúde e ao ambiente, para as gerações vindouras. A colaboração transfronteiras é vital para um mundo mais saudável e seguro para os nossos sucessores.

REFERÊNCIAS

Awasthi, A.K., Wang, M., Awasthi, M. K., Wang, Z., e Li, J. (2018). Poluição ambiental e carga corporal humana decorrente da reciclagem inadequada de resíduos electrónicos na China: A shortreview. Environmental Pollution, 243, Part B, 1310-1316.

Cole, C., Gnanapragasam, A., Singh, J., e Cooper, T. (2018). Melhorar a reutilização e a recuperação de recursos de equipamentos eléctricos e electrónicos com a logística inversa para cumprir as metas de redução de carbono. Procedia CIRP, 69, 980-985.

Debnath, B., Roychoudhuri, R., e Ghosh, S. K. (2016). Gestão de resíduos eletrônicos - um caminho potencial para a computação verde. Procedia Environmental Sciences, 35, 669-675.

Debnath, B., Roychoudhuri, R., e Ghosh, S. K. (2016). E-WasteManagement- A Potential Route to Green Computing. Procedia Environmental Sciences, 35, 669-675.

Diretiva 2012/19/UE do Parlamento Europeu e do Conselho, de 4 de julho de 2012, relativa aos resíduos de equipamentos eléctricos e electrónicos (REEE). Hal Solution Private Limited. http://halsolution.com/fr/ Hanafi, J., Kristina, H. J., Jobiliong, E., Christiani, A., Halim, A. V., Santoso, D., e Melini, E. (2011). As Perspectivas de Gestão de REEE na Indonésia. Actas da 18.ª Conferência Internacional da CIRP sobre Engenharia do Ciclo de Vida, Technische Universitat Braunschweig, Braunschweig, Alemanha, 2 a 4 de maio de 2011.

Jaiswal, A., Samuel, C., Patel, B. S., e Kumar, M. (2015). Go Green with WEEE: Ecofriendly approach for handling e-waste. Procedia Computer Science, 46, 1317-1324.

Jaiswal, A., Samuel, C., Patel, B. S., e Kumar, M. (2015). Go Green with WEEE: Abordagem ecológica para o tratamento de resíduos electrónicos. Procedia Computer Science, 46,

1317-1324.

Jaiswal, A., Samuel, C., Patel, B. S., e Kumar, M. (2015). Go Green with WEEE: Ecofriendly approach for handling e-waste. Procedia Computer Science, 46, 1317-1324.

Khanna, R., Cayumil, R., Mukherjee, P. S., e Sahajwalla, V. (2014). Uma nova abordagem de reciclagem para transformar resíduos de placas de circuito impresso em um recurso material. Procedia Environmental Sciences, 21, 42 - 54.

Khanna, R., Cayumil, R., Mukherjee, P. S., e Sahajwalla, V. (2014). Uma nova abordagem de reciclagem para transformar resíduos de placas de circuito impresso em um recurso material. Procedia Environmental Sciences, 21, 42 - 54.

Khatri, B. R., Sodha, A.B., Shah, M. B., Tipre, D.R., e Dave, S. R. (2018). Lixiviação química e microbiana de metais de base de placas de circuito impresso de telemóveis obsoletos. Investigação sobre Ambiente Sustentável, 28, 333-339.

Pascale, A., Sosa, A., Bares, C., Battocletti, A., Moll, M.J., Pose, D., Laborde, A., Gonzáles, H., Feola, G. (2016). Reciclagem informal de lixo eletrónico: Uma fonte emergente de exposição ao chumbo na América do Sul. Anais da Saúde Global, 82.

Rajesh Ahirwar, Amit K. Tripathi. 2021. Gestão dos resíduos electrónicos: A review of recycling process, environmental and occupational health hazards, and potential solutions. 100409, 2215-1532 Robinson, B. H. (2009). E-waste: Uma avaliação da produção global e dos impactes ambientais. Science of the Total Environment, 408(2), 183-191.

Rode, S. (2012). Gestão de resíduos electrónicos na região metropolitana de Bombaim: Constraints and Opportunities. Theoretical and Empirical Researches in Urban Management, Centro de Investigação em Administração Pública e Serviços Públicos, Bucareste, Roménia, 7(2), 90-104.

Sahajwalla, V. e Gaikwad, V. (2018). O presente e o futuro da reciclagem de plásticos de resíduos eletrônicos. Opinião atual em química verde e sustentável, 13, 102-107.

Samantha Serrano (2022). Fundo de Saúde Única Confiançahttps://onehealthtrust.org/publications/infographics/electronic-waste/

Regras de gestão dos resíduos electrónicos, 2016 (Índia). https://greene.gov.in/wp-content/uploads/2018/01/EWMRules-2016-english-23.03.2016.pdf

PNUA e ONUDI. (2018). Orientações para a gestão ambientalmente correta de telemóveis usados e em fim de vida.

Organização Mundial de Saúde. (2021). Riscos para a saúde dos resíduos electrónicos. https://www.who.int/news-room/fact-sheets/detail/electronic-waste-%28e-waste%29.

CAPÍTULO 3 : Mundo dos biossensores

*Ishan Dwivedi, Shubham Yadav, Ankit Baghel e Richa Srivastava**

Instituto Universitário de Engenharia e Tecnologia,

Universidade Babasaheb Bhimrao

Ambedkar-226025, U.P., Lucknow, Índia.

Autor correspondente Tel: (+91) 6307652144, 9415313393;

Correio eletrónico: richadolly@rediffmail.com, richauietbbau@ gmail.com

RESUMO

O presente documento aborda a revolução da tecnologia dos biossensores e as suas aplicações actuais em vários domínios. Explora os últimos avanços na conceção de biossensores e delineia os desafios que os investigadores enfrentam para alargar os limites deste domínio. Esta análise relata as realizações, sublinha os contributos para o domínio da tecnologia de biossensores e reconhece as limitações e os desafios enfrentados durante a investigação. Além disso, este documento aborda os futuros esforços de investigação, apontando o caminho para o avanço contínuo da tecnologia de biossensores.

Palavras-chave: -,Biossensor, evolução, aplicações, metodologia, cuidados de saúde, avanços.

1 INTRODUÇÃO

Um biossensor é um dispositivo que incorpora um elemento de deteção biológico intimamente ligado ou integrado num transdutor. A história dos biossensores começou no ano de 1962 com o estabelecimento de eléctrodos enzimáticos pelo cientista Leland C. Clark. Desde então, comunidades experimentais de diferentes áreas, como VLSI, Física, Química e Ciência dos Materiais, uniram-se para desenvolver dispositivos biossensores mais sofisticados, fiáveis e maduros para aplicações nos domínios da medicina, da agricultura, da biotecnologia, bem como nos sectores militar e

Deteção e prevenção do bioterrorismo (D'souza S et al., 1999). Neste registo, vamos explorar a ideia de biossensores e falar da sua herança, objectivos, âmbito e barreiras. Os biossensores são dispositivos analíticos que combinam um elemento orgânico com um transdutor para detetar e examinar substâncias orgânicas ou químicas. Estes aparelhos têm merecido grande atenção em diversos domínios, como os cuidados de saúde, a monitorização ambiental, a proteção das refeições e a biotecnologia. Ao aproveitar a especificidade e a sensibilidade dos componentes biológicos, os biossensores permitem a deteção e quantificação rápidas e corretas de analitos-alvo.

1.1 Antecedentes:

A melhoria dos biossensores pode ser rastreada até aos anos sessenta, quando a ideia foi acrescentada pela primeira vez. Ao longo dos anos, as melhorias na biotecnologia, nanotecnologia e tecnologia de materiais contribuíram substancialmente para o aperfeiçoamento das tecnologias de biossensores. A integração de componentes biológicos, que incluem enzimas, anticorpos, ácidos nucleicos ou células inteiras, com diversos transdutores, incluindo electroquímicos, ópticos ou piezoeléctricos, levou ao aparecimento de vários sistemas de biossensores. **Eventos definidores na história do desenvolvimento dos biossensores** (D'souza S et al., 2001), como se mostra no quadro 1

1916	First report on the immobilisation of proteins: adsorption of invertase on activated charcoal
1922	First glass pH electrode
1956	Invention of the oxygen electrode (**Clark**)
1962	First description of a biosensor: an amperometric enzyme electrode for glucose (**Clark**)

1969	First potentiometric biosensor: urease immobilised on an ammonia electrode to detect urea
1970	Invention of the Ion-Selective Field-Effect Transistor (ISFET) **(Bergveld)**
1972/5	First commercial biosensor: Yellow Springs Instruments glucose biosensor
1975	First microbe-based biosensor First immunosensor: ovalbumin on a platinum wire Invention of the pO2 / pCO2 optode
1976	First bedside artificial pancreas (Miles)
1980	First fibre optic pH sensor for *in vivo* blood gases **(Peterson)**
1982	First fibre optic-based biosensor for glucose
1983	First surface plasmon resonance (SPR) immunosensor
1984	First mediated amperometric biosensor: ferrocene used with glucose oxidase for the detection of glucose
1987	Launch of the MediSenseExacTech™ blood glucose biosensor
1990	Launch of the Pharmacia BIACore SPR-based biosensor system
1992	i-STAT launches hand-held blood analyser
1996	Glucocard launched
1996	Abbott acquires MediSense for $867 million
1998	Launch of LifeScanFastTake blood glucose biosensor
1998	Merger of Roche and Boehringer Mannheim to form Roche Diagnostics
2001	LifeScan purchases Inverness Medical's glucose testing business for $1.3billion

Quadro 1 Eventos definidores na história do desenvolvimento de biossensores (D'souza S et al., 2001)

1.2 Objectivos:

O principal objetivo dos biossensores é proporcionar um meio fiável e ecológico de detetar e medir analitos únicos em amostras complexas. Estes analitos podem consistir em biomoléculas, incluindo proteínas, ADN ou metabolitos, para além de substâncias químicas, poluentes ou poluição. Ao atingir uma elevada sensibilidade, seletividade e precisão, os biossensores têm como objetivo decorar os diagnósticos, melhorar as capacidades de rastreio e facilitar a tomada de decisões atempadas em numerosos programas.

1.3 Âmbito de aplicação:

O âmbito dos biossensores é vasto e estende-se a várias disciplinas. Nos cuidados de saúde, os biossensores têm sido utilizados para o diagnóstico e gestão de doenças, descoberta de medicamentos e medicina personalizada. As aplicações de monitorização ambiental incluem a deteção de poluentes, a monitorização da qualidade da água e a avaliação da contaminação do ar. Os biossensores também são úteis na indústria alimentar para controlo de qualidade, deteção de agentes patogénicos e garantia da segurança dos produtos. Além disso, os biossensores têm aplicações na agricultura, na monitorização de processos industriais e na biossegurança.

1.4 Limitações:

Embora os biossensores ofereçam inúmeras vantagens, não estão isentos de limitações. Uma das principais limitações é a potencial interferência de matrizes de amostras complexas, que pode afetar a precisão e a fiabilidade das medições. Além disso, a estabilidade e o prazo de validade dos componentes biológicos utilizados nos biossensores podem constituir um desafio, exigindo um armazenamento e manuseamento cuidadosos (Erika Kress-Rogers et al., 1998). A função de um biossensor depende da especificidade bioquímica do material biologicamente ativo. A escolha do material biológico dependerá de uma série de factores através da especificidade, armazenamento, estabilidade operacional e ambiental (Ivnitski D et al., 1999). Além disso, os biossensores podem ser confrontados com considerações regulamentares e éticas, nomeadamente quando utilizados em diagnósticos médicos ou na monitorização ambiental.

1.5 Visão geral:

Os biossensores surgiram como ferramentas valiosas em vários domínios, permitindo a deteção rápida e sensível de analitos-alvo. Os biossensores foram recentemente definidos como dispositivos analíticos que incorporam um material biológico intimamente associado ou integrado num transdutor físico-químico ou num microssistema de transdução, que pode ser ótico, electroquímicos, termométricos, piezoeléctricos, magnéticos ou micromecânicos (Lazeka O et al., 2007). Têm um potencial imenso para revolucionar os cuidados de saúde, a monitorização ambiental e outros domínios. No entanto, são necessários mais esforços de investigação e desenvolvimento para ultrapassar as limitações existentes e otimizar o desempenho dos biossensores. Ao enfrentar estes desafios, os biossensores podem continuar a contribuir para os avanços na ciência, na tecnologia e na sociedade como um todo (Man Bock Gu et al., 2016).

2 REVISÃO DA LITERATURA

A tecnologia de biossensores ganhou uma atenção significativa nos últimos anos devido ao seu potencial para várias aplicações nos cuidados de saúde, monitorização ambiental, segurança alimentar, entre outras. Esta revisão da literatura tem como objetivo fornecer uma visão geral das actuais aplicações dos biossensores, dos avanços na conceção de biossensores e dos desafios e limitações associados a esta tecnologia.

2.1 Aplicações actuais de biossensores:

2.1.1 Diagnóstico médico:

Os biossensores são amplamente utilizados em diagnósticos médicos para a deteção e monitorização de várias doenças. Permitem a deteção rápida e precisa de biomarcadores em fluidos corporais, facilitando o diagnóstico precoce de doenças e o tratamento personalizado.

2.1.2 Monitorização ambiental:

Os biossensores desempenham um papel crucial na monitorização de parâmetros ambientais, como a qualidade do ar e da água, na deteção de poluentes e na avaliação do impacto dos contaminantes nos ecossistemas. Fornecem análises em tempo real e no local, permitindo intervenções atempadas e uma melhor gestão ambiental. A área do desenvolvimento de biossensores é de grande importância para aplicações militares e de defesa, como a deteção de espécies químicas e biológicas utilizadas em armas (Malhotra BD et al., 2005).

2.1.3 Segurança alimentar e controlo de qualidade:

Os biossensores são utilizados na indústria alimentar para detetar contaminantes, agentes patogénicos e toxinas, garantindo a segurança alimentar e o controlo de qualidade. Oferecem uma análise rápida e fiável, reduzindo o risco de doenças de origem alimentar e permitindo a deteção precoce de deterioração. Os biossensores podem ser utilizados em sectores como os produtores de vinho, cerveja, iogurte e refrigerantes. Os imunossensores têm um potencial importante para garantir a segurança alimentar através da deteção de organismos patogénicos em carne fresca, aves de capoeira ou peixe (Prof. Chenzhong Li et al., 2014).

2.1.4 Agricultura:

Os biossensores são utilizados na agricultura para vários fins, incluindo a monitorização da saúde do solo, a avaliação dos níveis de nutrientes, a deteção de doenças das plantas e a otimização da utilização de pesticidas. Ajudam nas práticas agrícolas de precisão, conduzindo a um melhor rendimento das culturas e a um menor impacto ambiental. Foram estudados sensores microbianos selectivos e sensíveis para a medição do amoníaco e do metano. No entanto, os únicos biossensores disponíveis comercialmente para o controlo da qualidade das águas residuais são analisadores da carência biológica de oxigénio (CBO) baseados em microrganismos como a bactéria Rhodococcus erythropolis imobilizada em colagénio ou poliacrilamida (Savage et al., 2016).

2.1.5 Biodefesa e segurança:

Os biossensores desempenham um papel fundamental nas aplicações de biodefesa e segurança, detectando agentes de guerra biológica, agentes patogénicos e toxinas. Fornecem sistemas de alerta precoce, permitindo uma resposta rápida e a mitigação de potenciais ameaças.

2.1.6 Avanços na conceção de biossensores:

Nanomateriais e nanotecnologia: A integração de nanomateriais, tais como nanopartículas, nanofios e nanotubos, conduziu a avanços significativos na conceção de biossensores. Estes nanomateriais aumentam a sensibilidade, a seletividade e a estabilidade dos biossensores, permitindo a deteção de analitos a baixas concentrações.

2.1.7 Miniaturização e biossensores vestíveis:

O desenvolvimento de biossensores miniaturizados e de dispositivos portáteis revolucionou a monitorização dos cuidados de saúde. Estes dispositivos compactos e portáteis podem monitorizar continuamente vários parâmetros fisiológicos, permitindo a avaliação da saúde em tempo real e a monitorização remota dos doentes.

2.1.8 Tecnologia Lab-on-a-Chip:

Os biossensores integrados em plataformas lab-on-a-chip permitem uma análise rápida e automatizada das amostras. Estes sistemas miniaturizados combinam a preparação, deteção e análise de amostras, reduzindo o tempo total de análise e a necessidade de equipamento laboratorial especializado (Turner A et al., 1989).

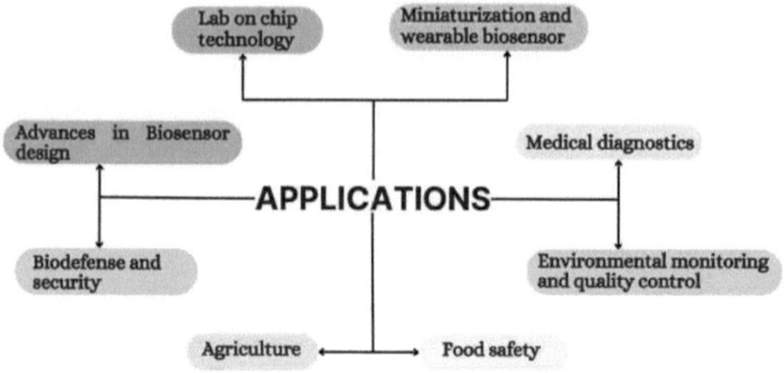
Lab on chip technology
Miniaturization and wearable biosensor
Advances in Biosensor design
Medical diagnostics
APPLICATIONS
Biodefense and security
Environmental monitoring and quality control
Agriculture
Food safety

3 DESAFIOS E LIMITAÇÕES

3.1 Seletividade e Interferência: A obtenção de uma elevada seletividade na conceção de biossensores continua a ser um desafio, especialmente em matrizes de amostras complexas. A interferência de outras substâncias presentes na amostra pode afetar a precisão e a fiabilidade das medições do biossensor.

3.2 Estabilidade e longevidade: Garantir a estabilidade e a longevidade dos biossensores é crucial para a sua aplicação prática. Factores como a degradação do sensor, a bioincrustação e o prazo de validade afectam a fiabilidade e o desempenho dos biossensores ao longo do tempo (Wittman et al., 1997).

3.3 Normalização e controlo de qualidade: A normalização do fabrico, calibração e avaliação do desempenho dos biossensores é essencial para uma adoção e comercialização generalizadas. É necessário estabelecer medidas de controlo de qualidade para garantir resultados consistentes e fiáveis em diferentes plataformas de biossensores (Wolfgang Gopel et al., 1991)

3.4 Custo e acessibilidade: O custo da tecnologia dos biossensores pode constituir um obstáculo significativo à sua adoção generalizada, sobretudo em contextos de recursos limitados (Turner A et al., 1989). O desenvolvimento de biossensores económicos e acessíveis é crucial para aumentar a sua aplicabilidade e impacto.

Assim, com base em todos estes parâmetros, concluímos que a tecnologia dos biossensores registou avanços significativos e oferece diversas aplicações em vários domínios. As aplicações actuais incluem o diagnóstico médico, a monitorização ambiental, a segurança alimentar, a agricultura e a biodefesa. Os avanços na conceção de biossensores, como a integração de nanomateriais, a miniaturização e a tecnologia lab-on-a- chip, melhoraram a sensibilidade, a portabilidade e as capacidades de análise. No entanto, os desafios relacionados com a seletividade, a estabilidade, a normalização e o custo ainda têm de ser resolvidos para um maior desenvolvimento e uma adoção generalizada dos biossensores. Em geral, os biossensores são muito promissores para revolucionar vários sectores, fornecendo ferramentas analíticas rápidas, sensíveis e portáteis para monitorização e deteção em tempo real.

4 METODOLOGIA

Os biossensores são dispositivos analíticos que combinam um componente biológico, como enzimas ou anticorpos, com um detetor físico-químico para detetar e medir parâmetros biológicos específicos. Estes sensores são amplamente utilizados em vários domínios, incluindo o diagnóstico médico, a monitorização ambiental e a segurança alimentar.

A conceção e o fabrico de biossensores envolvem várias etapas fundamentais:

4.1 Seleção de parâmetros biológicos: O primeiro passo é determinar o parâmetro biológico específico ou analito que o biossensor irá detetar. Pode ser uma proteína específica, uma enzima, um anticorpo, uma sequência de ADN ou qualquer outra molécula biológica de interesse.

4.2 Integração e calibração do sensor: Uma vez identificado o parâmetro biológico, o passo seguinte é integrar o componente biológico com o detetor físico-químico. Isto implica a imobilização da molécula biológica num suporte sólido ou numa superfície de transdução, que pode ser um elétrodo, uma fibra ótica ou um canal microfluídico. A calibração do biossensor é necessária para estabelecer uma relação entre a resposta do sensor e a concentração da substância a analisar.

4.3 Aquisição e análise de dados: Os biossensores geram sinais eléctricos, ópticos ou electroquímicos em resposta à presença do analito alvo. Estes sinais precisam de ser adquiridos e processados para obter dados significativos. Podem ser utilizadas várias técnicas, como a potenciometria, a amperometria, a fluorescência ou a ressonância plasmónica de superfície, para a deteção de sinais. São utilizados métodos de processamento de sinais e de análise de dados para interpretar os dados adquiridos e determinar a concentração ou a atividade da substância a analisar.

4.4 Considerações éticas: O desenvolvimento e a utilização de biossensores suscitam considerações éticas, particularmente em áreas como a privacidade, o consentimento informado e o potencial impacto em seres humanos. Devem ser seguidas diretrizes éticas para garantir a utilização responsável e ética dos biossensores.

4.5 Instalação experimental: As experiências com biossensores requerem uma configuração experimental bem definida. Isto inclui a preparação de amostras ou soluções de teste contendo a substância a analisar, o estabelecimento de experiências de controlo adequadas e a otimização das condições do sensor. A configuração experimental deve ser reprodutível e controlada para garantir resultados exactos e fiáveis.

Em geral, a conceção e o fabrico de biossensores envolvem uma abordagem multidisciplinar que combina biologia, química, física e princípios de engenharia. A seleção de parâmetros biológicos, a integração de sensores, a calibração, a aquisição de dados e as considerações éticas são passos cruciais no desenvolvimento e aplicação de biossensores.

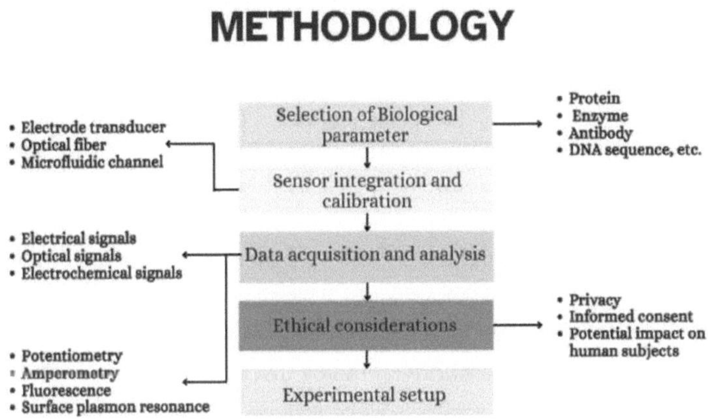

5 RESULTADOS E DISCUSSÃO

Os biossensores surgiram como ferramentas analíticas poderosas em vários domínios, incluindo os cuidados de saúde, a monitorização ambiental e a segurança alimentar. A avaliação do desempenho dos biossensores é crucial para avaliar a sua precisão, fiabilidade e potencial para aplicações práticas. Nesta secção, discutiremos os resultados obtidos com o biossensor, compará-lo-emos com as tecnologias existentes, validaremos a sua precisão e fiabilidade, analisaremos os dados recolhidos e apresentaremos uma discussão exaustiva das conclusões.

Os resultados obtidos com o biossensor devem ser apresentados de forma clara e organizada. Isto pode incluir dados em bruto, dados processados e análise estatística. O desempenho do biossensor pode ser avaliado com base em vários parâmetros, como a sensibilidade, a especificidade, o limite de deteção, o tempo de resposta e a gama dinâmica. Estes parâmetros determinam a eficácia e a eficiência do biossensor na deteção e quantificação da substância a analisar. Os resultados devem ser comparados com parâmetros de referência estabelecidos ou métodos de referência para fornecer contexto e validar o desempenho do biossensor.

5.1 Comparação com as tecnologias existentes:

Para determinar as potenciais vantagens do biossensor, é necessário efetuar uma comparação com as tecnologias existentes. Estas podem incluir técnicas laboratoriais tradicionais ou sensores disponíveis no mercado. O biossensor deve ser avaliado em termos da sua relação custo-eficácia, portabilidade, facilidade de utilização e caraterísticas de desempenho em comparação com as tecnologias existentes. O destaque dos pontos fortes e fracos do biossensor em comparação com as alternativas fornecerá informações valiosas sobre as suas potenciais aplicações e áreas a melhorar.

5.2 Validação da exatidão e da fiabilidade:

Medições exactas e fiáveis são cruciais para o êxito da implementação de biossensores. Devem ser efectuados estudos de validação para avaliar a exatidão, a precisão e a reprodutibilidade dos resultados do biossensor. Isto pode ser conseguido através de medições replicadas, comparação com métodos de referência ou participação em programas de ensaios de proficiência. O processo de validação deve seguir diretrizes e normas estabelecidas para garantir a credibilidade do desempenho do biossensor.

5.3 Análise dos dados recolhidos:

Os dados recolhidos do biossensor devem ser objeto de uma análise exaustiva. Podem ser utilizados métodos estatísticos e técnicas de visualização de dados para interpretar os resultados de forma eficaz. A análise pode envolver a identificação de tendências, correlações e padrões nos dados, bem como a avaliação da variabilidade e incerteza associadas às medições. Além disso, devem ser abordadas e discutidas quaisquer limitações ou potenciais fontes de erro no processo de recolha de dados.

5.4 Discussão dos resultados:

Na secção de discussão, os resultados da avaliação do biossensor devem ser interpretados e contextualizados. Os pontos fortes e fracos do biossensor devem ser analisados de forma crítica, tendo em consideração os resultados, a comparação com as tecnologias existentes e os estudos de validação. Devem ser discutidas as implicações das conclusões em termos das potenciais aplicações, limitações e melhorias futuras do biossensor. Além disso, podem ser apresentadas sugestões para investigação ou desenvolvimento adicionais para melhorar o desempenho e alargar a utilidade do biossensor.

Em geral, a secção de resultados e discussão de um estudo de avaliação de um biossensor deve fornecer uma avaliação abrangente e objetiva do desempenho do biossensor. Deve apresentar os dados de forma clara, compará-los com as tecnologias existentes, validar a sua exatidão e fiabilidade, analisar os dados recolhidos e discutir criticamente as conclusões, a fim de proporcionar ideias para novos avanços no domínio da tecnologia dos biossensores.

6 RECOMENDAÇÕES / HIPÓTESES

6.1 **Biossensores à base de plantas:** Desenvolver biossensores utilizando plantas geneticamente modificadas que respondam a poluentes ambientais específicos, fornecendo um indicador visual de contaminação.

6.2 **Biossensores de células de combustível microbianas:** Criar biossensores que aproveitem a atividade metabólica de micróbios específicos para gerar eletricidade, com variações que indiquem a presença e a concentração de poluentes.

6.3 **Biossensores enriquecidos com nanomateriais:** Utilizar nanomateriais avançados, como o grafeno ou os nanotubos de carbono, para aumentar a sensibilidade e a seletividade dos biossensores para detetar quantidades vestigiais de contaminantes ambientais.

6.4 **Biossensores implantados em drones:** Integrar biossensores em drones para permitir a monitorização rápida e generalizada de parâmetros ambientais, permitindo a recolha de dados em tempo real em áreas remotas ou inacessíveis.

6.5 **Interface de biossensores de realidade aumentada:** Desenvolver biossensores que se liguem a dispositivos de realidade aumentada, proporcionando uma interface de fácil utilização para visualizar e interpretar dados ambientais no local.

6.6 **Biossensores baseados no som:** Explorar a utilização de biossensores que convertem dados ambientais em padrões sonoros, permitindo a análise auditiva e fornecendo uma dimensão adicional para a interpretação.

6.7 **Biossensores integrados em smartphones:** Criar biossensores que possam ser diretamente integrados em smartphones, transformando estes dispositivos omnipresentes em ferramentas poderosas para a monitorização ambiental em movimento.

6.8 **Matrizes de biossensores para deteção multiplexada:** Conceber matrizes de biossensores capazes de detetar simultaneamente vários parâmetros ambientais, proporcionando uma visão global da saúde do ecossistema.

6.9 **Biossensores de biologia sintética:** Conceber microrganismos com técnicas de biologia sintética para actuarem como biossensores vivos, respondendo a sinais ambientais específicos e produzindo resultados facilmente mensuráveis.

6.10 Biossensores de microplásticos nos oceanos: Desenvolver biossensores especificamente concebidos para detetar e quantificar microplásticos em ambientes oceânicos, abordando a crescente preocupação com a poluição por plásticos.

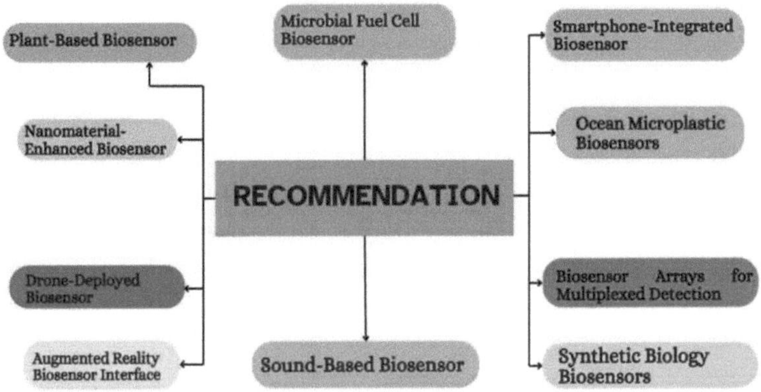

CONCLUSÃO E TRABALHO FUTURO

Nos últimos anos, os biossensores transformaram sectores como os cuidados de saúde, a monitorização ambiental e a segurança alimentar, detectando analitos biológicos com elevada sensibilidade e rapidez. Permitem diagnósticos rápidos, monitorização em tempo real e testes no local de prestação de cuidados, melhorando os resultados para os doentes e a sustentabilidade ambiental. Apesar dos seus contributos, continuam a existir desafios, como a melhoria da estabilidade e da miniaturização para uma utilização a longo prazo e a implantação em contextos de recursos limitados. As futuras áreas de investigação incluem a exploração de novos materiais para aumentar a robustez, melhorar as capacidades de multiplexagem para a deteção simultânea de vários analitos e integrar os biossensores com algoritmos de análise de dados para interpretação em tempo real. Em conclusão, embora os biossensores tenham feito progressos significativos, a investigação em curso promete aplicações ainda mais impactantes na melhoria da saúde humana, da qualidade ambiental e da segurança alimentar.

REFERÊNCIAS

D'souza S, 1999. Enzimas imobilizadas em bioprocessos. Ciência Atual.77(1) :69-79.

D'souza S, 2001. Biossensores microbianos. Biosensores e Bioelectrónica.16(6):337-53.

Erika Kress-Rogers, 1998. Instrumentação e Sensores para a Indústria Alimentar; Woodhead Publishing Lmtd: Cambridge, Inglaterra. 31-60.

Ivnitski D, Abdel-Hamid I, Atanasov P, Wilkins E, 1999. Biosensores para a deteção de bactérias patogénicas. Biosensors and Bioelectronics. 14(7):599-624.

Lazcka O, Campo F, Munoz FX, 2007. Deteção de agentes patogénicos: uma perspetiva dos métodos tradicionais e dos biossensores. Biosensores e Bioelectrónica.22(7):1205-17.

Man Bock Gu e Hak-Sung Kim, 2016. Biossensores baseados em Aptâmeros e Enzimas (Avanços em Engenharia Bioquímica/Biotecnologia)". 69-92.

Malhotra BD, Singhal R, Chaubey A, Sharma SK, Kumar A, 2005. Recent trends in biosensors. Current Applied Physics 5(2):92-7.

Prof. Chenzhong Li, 2014. Laboratório de Nanobioengenharia e Bioelectrónica, Departamento de Engenharia Biomédica, Universidade Internacional da Florida. Introdução e Visão Geral de Biossensores e Eletroquímica. 6-7.

Savage, N., 2016. Biossensores: A changing landscape. Nature Nanotechnology, 11(6), 490491.

Turner A, Karube I, Wilson G, 1989. Biosensores: fundamentos e aplicações, 1987. AppliedBiosensors. 600-628.

Wittman, C.; Riedel, K.; Schmid, R., 1997. Microbial and Enzyme Sensors for Environmental Monitoring (Sensores Microbianos e Enzimáticos para Monitorização Ambiental). Em Handbook of Biosensors and Electronic Noses. Medicine, Food and the Environment; Kress-Rogers, E., Ed. CRC Press: Nova Iorque, 305-306.

Wolfgang Gopel e T A Jones, 1991. "Sensors: A Comprehensive Survey Chemical and Biochemical Sensors: 003". 1023-46.

MIX
Papier aus verantwortungsvollen Quellen
Paper from responsible sources
FSC® C105338

Printed by Books on Demand GmbH, Norderstedt / Germany